T/CAGHP 026—2018

目　次

前言 ··· Ⅲ
引言 ··· Ⅳ
1 范围 ··· 1
2 规范性引用文件 ·· 1
3 术语和定义 ··· 1
4 总则 ··· 2
　4.1 目的任务 ··· 2
　4.2 基本原则 ··· 2
　4.3 工作内容 ··· 2
　4.4 防治工程等级划分 ·· 3
　4.5 防治工程设计阶段 ·· 4
5 地面沉降防治工程可行性研究 ·· 4
　5.1 一般规定 ··· 4
　5.2 调查与监测要求 ··· 4
　5.3 可行性研究 ·· 5
6 地面沉降监测与防治网络设计 ·· 5
　6.1 一般规定 ··· 5
　6.2 地面沉降监测网络设计 ·· 5
　6.3 地面沉降防治网络设计 ·· 8
7 地面沉降监测与防治设施工程设计 ·· 8
　7.1 一般规定 ··· 8
　7.2 地面沉降监测设施工程设计 ··· 8
　7.3 地面沉降防治设施工程设计 ··· 9
8 地面沉降监测与防治设施施工要点 ·· 11
　8.1 地面沉降监测设施施工要点 ··· 11
　8.2 地面沉降防治设施施工要点 ··· 11
附录A（规范性附录）　地面沉降防治工程可行性研究报告编制大纲 ······················· 12
附录B（规范性附录）　地面沉降防治工程设计书编制大纲 ·································· 13
附录C（资料性附录）　回灌井成井结构与回灌管路设计 ···································· 14

Ⅰ

前　言

本标准按照 GB/T 1.1—2009《标准化工作导则　第 1 部分：标准的结构和编写》给出的规则起草。

本标准附录 A、B 为规范性附录，附录 C 为资料性附录。

本标准由中国地质灾害防治工程行业协会提出并归口。

本标准主要起草单位：上海市地质调查研究院、广东省地质局第四地质大队、上海市地矿工程勘察院、中国科学院武汉岩土力学研究所、广东省工程勘察院。

本标准参与起草单位：深圳市工勘岩土集团有限公司、安徽省地质矿产局321地质队、山东大学。

本标准主要起草人：严学新、陈明忠、杨天亮、吴建中、史玉金、揭江、魏凤英、何招智、巫虹、冯夏庭、陈从新、任伟灿、王劲骥。

本标准参与起草人（按姓氏笔划排序）：马君伟、方正、王双、王贤能、王荣彪、王寒梅、石少帅、刘秀敏、朱晓强、许言、何晔、吴长贵、张欢、张细才、李术才、李利平、陈林杰、周宗青、林金鑫、欧阳春飞、罗传华、俞俊英、姚均、段梅、洪玉明、夏开宗、黄鑫磊、焦珣、谢世宏、谢先明、鲁克文、鲁祖德、靳长昆。

本标准由中国地质灾害防治工程行业协会负责解释。

引 言

  目前我国已有近百个城市和地区发生了不同程度的地面沉降，尤以华北平原、长江三角洲平原、珠江三角洲、汾渭盆地等地区最为突出，对城市安全和经济社会可持续发展造成了不良的影响。我国开展地面沉降防治工作已有50多年的历史，积累了丰富的实践经验，取得了显著的成效，但尚未有统一的地面沉降防治工程的设计标准，难以满足当前地面沉降防治工作的需要。

  为了规范地面防治工程设计方法和技术要求，在总结以往工作经验和防治成果的基础上，制定本标准。

T/CAGHP 026—2018

地面沉降防治工程设计技术要求(试行)

1 范围

本标准规定了地面沉降防治工程设计技术要求,适用于地面沉降防治工程的监测网络、防治网络、监测设施工程、防治设施工程的设计。

2 规范性引用文件

下列文件对于本标准的应用是必不可少的。凡是注日期的引用文件,仅注日期的版本适用于本标准。凡是不注日期的引用文件,其最新版本(包括所有的修改单)适用于本标准。

GB 50027 供水水文地质勘察规范
GB/T 12897 国家一、二等水准测量规范
GB/T 18314 全球定位系统(GPS)测量规范
CECS 55 孔隙水压力测试规程
DZ/T 0133 地下水动态监测规程
DZ/T 0154 地面沉降水准测量规范
DZ/T 0283 地面沉降调查与监测规范
DZ 0238 地质灾害分类分级
JGJ 311 建筑深基坑工程施工安全技术规范
GB 5749 生活饮用水卫生标准

3 术语和定义

下列术语和定义适用于本标准。

3.1
地面沉降 land subsidence
因自然因素和人为活动引发地层压缩所导致的地面高程降低的地质现象。

3.2
地面沉降防治工程 land subsidence prevention and control
预防和治理地面沉降地质灾害的工程措施,包括为防治地面沉降而开展的监测设施、防治设施建设以及其他工程措施。

3.3
地面沉降防治工程设计 design technical requirement for land subsidence prevention and control
根据预防和治理地面沉降地质灾害而开展的工程措施的要求,对包括为防治地面沉降而开展的监测设施、防治设施建设以及其他工程措施所需的技术要求、地质环境、经济、资源等条件进行综合分析、论证,编制工程设计文件的活动。

1

3.4
回灌 recharge
将符合一定卫生标准的水源回灌到地下含水层中的一种活动。

3.5
地面沉降监测设施 land subsidence monitoring device
监测地面沉降动态的各类观测标志和设施，包括基岩标、分层标、水准点、卫星定位系统监测点、SAR角反射器等观测标志和地下水监测井、孔隙水压力监测井等观测设施。

3.6
卫星定位系统监测点 satellite positioning system monitoring point
通过接收卫星信号来确定三维坐标的观测标志。

3.7
地面沉降防治设施 land subsidence prevention device
地面沉降防治工程中用于地下水人工回灌的（或同时具备开采与回灌功能的）管井设施及注浆回灌等工程设施。

3.8
地面沉降监测网络 land subsidence monitoring network
由各类地面沉降监测设施构成的监测网络体系。

3.9
地面沉降防治网络 land subsidence prevention network
由地面沉降防治设施构成的防治网络体系。

3.10
重要基础设施工程 major infrastructure projects
指为社会生产和居民生活提供公共服务的重要工程设施，是用于保证国家或地区社会经济活动正常进行的重要公共服务系统。

3.11
重要基础设施工程地面沉降 ground settlement along major infrastructure projects
因重要基础设施运营或其他外部因素引起的重要基础设施本身及沿线地面垂向高程变化。

4 总则

4.1 目的任务

规范地面沉降防治工程监测网络、防治网络、各类监测设施和防治设施的技术指标及技术要求，为地面沉降防治工程的设计和施工提供科学依据。

4.2 基本原则

地面沉降防治工程应坚持"以防为主，防治结合"的基本原则。

4.3 工作内容

4.3.1 依据地面沉降调查与监测成果，结合工作区社会经济发展现状、城市规划等方面开展地面沉降防治工程的可行性研究。

4.3.2 充分总结地面沉降防治经验,结合工作区地面沉降监测网络现状,按照地面沉降危险性评价,制定地面沉降监测、防治网络的设计方案。

4.3.3 提出适用于地面沉降防治工程监测设施和防治设施设计的技术要求及技术指标。

4.4 防治工程等级划分

地面沉降防治工程等级可根据地面沉降灾害等级和受保护的人数、财产、对象以及工程总投资规模划分为Ⅰ级、Ⅱ级、Ⅲ级 3 个等级,应符合表 1 至表 7 的规定。

表 1 地面沉降防治工程等级标准

工程等级	工程等级划分依据的条件					
	区域地面沉降灾害沉降面积规模	地面沉降灾害累计沉降量规模	地面沉降灾害沉降速率规模	沉降造成直接经济损失规模	工程总投资规模	受保护对象重要性
Ⅰ级	大型	大	大	大	大	重要
Ⅱ级	中型	中	中	中	中	较重要
Ⅲ级	小型	小	小	小	小	一般重要
注:工程等级划分依据的条件中符合 1 个条件即可。						

表 2 区域地面沉降灾害沉降面积规模等级划分

沉降面积规模等级	大型	中型	小型
沉降面积/km²	>10 000	1 000~10 000	<1 000

表 3 地面沉降灾害累计沉降量规模等级划分

沉降量规模等级	大	中	小
累计沉降量/m	>1	0.5~1	<0.5

表 4 地面沉降灾害沉降速率规模等级划分

沉降速率规模等级	大	中	小
近 3 年内年平均沉降量/mm	>50	20~50	<20

表 5 地面沉降灾害造成直接经济损失规模等级划分

沉降造成直接经济损失规模等级	大	中	小
经济损失/万元	>20 000	1 000~20 000	<1 000

表 6 地面沉降防治总工程投资规模等级划分

工程总投资规模等级	大	中	小
工程总投资/万元	>2 000	100~2 000	<100

表 7 地面沉降防治工程受保护对象重要性等级划分

受保护对象的重要性等级	重要	较重要	一般重要
受保护的对象	大城市,国家级厂矿工程建筑,水陆交通枢纽和干线,地质遗迹和旅游区,以及国家级国土开发和社会经济发展项目等	中等城市,省级厂矿工程建筑,水陆交通枢纽和干线,地质遗迹和旅游区,以及省级国土开发和社会经济发展项目等	小城镇和居民点,县级厂矿工程建筑,水陆交通枢纽和干线等

4.5 防治工程设计阶段

4.5.1 地面沉降防治工程设计,可划分为可行性研究和工程施工设计两个阶段,对于Ⅲ级地面沉降防治工程,可简化设计阶段,直接进行工程施工设计;对于Ⅰ级和Ⅱ级地面沉降防治工程,则必须开展可行性研究。

4.5.2 可行性研究应根据防治目标在已完成的地面沉降调查与监测基础上进行,对设计方案的技术、经济、社会和环境效应等进行论证,并做出工程估算;提交可行性研究报告及可行性研究报告附图册。地面沉降防治工程可行性研究报告编制大纲见附录 A。

4.5.3 工程施工设计应结合可行性研究,在地质条件调查的基础上进行,提出监测网络和防治网络设计、地面沉降监测设施和防治设施的主要技术要求、实施的组织及主要进度、项目预算以及成果资料检查验收要求等;提交地面沉降防治工程设计书及附图册。地面沉降防治工程设计书编制大纲见附录 B。

5 地面沉降防治工程可行性研究

5.1 一般规定

5.1.1 在开展地面沉降防治工程可行性研究之前应进行地面沉降的调查与监测,地面沉降调查与监测应覆盖整个地面沉降防治工程的工作区,地面沉降监测数据不宜少于 2 年。

5.1.2 地面沉降调查与监测精度不够时,应补充调查。

5.2 调查与监测要求

5.2.1 对同一工作区采用多种技术方法取得的地面沉降监测成果,应经相互对比、验证及修正后综合利用。

5.2.2 地面沉降调查、监测内容应根据地面沉降防治工程等级确定:
   a) Ⅲ级地面沉降防治工程开展的地面沉降调查、监测应包括调查工作区内的地质条件、地面沉降历史强度、现状特征、变化趋势及影响规律等。
   b) Ⅱ级地面沉降防治工程开展的地面沉降调查、监测应包括调查地质条件、地面沉降历史强度、现状特征、变化趋势及影响规律等,还应掌握地面沉降区的影响范围及形态、沉降中心的地理位置、主要压缩层位、各压缩层的地层结构及相对压缩量等。
   c) Ⅰ级地面沉降防治工程开展的地面沉降调查、监测应包括调查地质条件、地面沉降历史强度、现状特征、变化趋势及影响规律等,掌握地面沉降区的影响范围及形态、沉降中心的地理位置、主要压缩层位、各压缩层的地层结构及相对压缩量等,在必要的情况下还应进行地面沉降评价,包括易发性评价、预测评价、危险性评价和经济损失评估等工作。

5.2.3 地面沉降的调查与监测方法参照 DZ/T 0283 执行。

5.3 可行性研究

5.3.1 地面沉降防治工程可行性研究应从技术方案、经济以及社会、环境等方面对防治工程进行分析论证,并进行投资估算。

  a) 遵循防治工程目标和原则,结合当地地质条件和技术、经济条件进行。
  b) 对防治工程的必要性进行充分论证和评估。
  c) 论证工程实施的可能性,充分评估后期避让搬迁、监测预警等情况。
  d) 对地面沉降防治工程进行效益评估,包括工程实施后的经济效益、社会效益和环境效益。

5.3.2 地面沉降防治工程可行性研究报告应提交相应的设计图册,设计图册应包括地理位置图、地面沉降累计等值线图、工作部署图、各类监测设施设计图和防治设施设计图等图件。

5.3.3 地面沉降防治工程可行性研究报告的内容,应包括任务由来及目的、意义;工程建设的必要性;目标任务及实现的可行性论述;技术设计的依据;地面沉降防治工程设计主要内容;项目建设单位基本情况;投资估算与资金筹措;社会效益、经济效益、环境效益简要分析;结论与建议等。

6 地面沉降监测与防治网络设计

6.1 一般规定

6.1.1 在地面沉降防治工作区内应布设地面沉降监测网络,根据地面沉降易发程度、危险程度、当地社会经济条件、地形地貌以及地质条件等要素确定监测网络、监测设施和监测点布设密度。

6.1.2 地面沉降防治工程监测设施主要包括水准点、卫星定位系统监测点、SAR 角反射器、水位监测井、孔隙水压力监测井、基岩标、分层标。

6.1.3 地面沉降防治工程防治设施主要指回灌设施。

6.2 地面沉降监测网络设计

6.2.1 区域性地面沉降监测网络

6.2.1.1 地面沉降监测网络布设应按区域统一规划和部署进行设计、建设。各监测设施均应埋设永久性标志(标识),并采取稳固耐久、防腐抗蚀、保持垂直稳定等保护措施。

6.2.1.2 监测项目一般包括地表形变测量、土层分层沉降监测、地下水位监测、地下水采灌水量监测等。

  在地面沉降发育地区,应结合区位功能和服务对象,针对地面沉降调查监测精度要求,将地面沉降监测网络按大型、中型和小型(含重要基础设施监测网)3 类进行建设。地面沉降监测网分类和监测方法参见表 8。

表 8 地面沉降监测网分类和监测方法

地面沉降灾害面积规模	属性	监测网性质	监测设施	监测方法	用途
大型(沉降面积大于 10 000 km²)	点	实时监测站	1) 卫星定位系统监测点; 2) 地面沉降自动化监测站; 3) 区域地面沉降监控中心	优先采用卫星定位系统监测和 InSAR 技术	快速、全面获取行政区或跨行政区地面沉降信息
	面	骨干监测网	1) 卫星定位系统监测网; 2) 国家级地下水动态监测井		

表8 地面沉降监测网分类和监测方法(续)

地面沉降灾害面积规模	属性	监测网性质	监测设施	监测方法	用途
中型(沉降面积 1 000 km²~10 000 km²)	点	实时或人工	1)卫星定位系统监测点; 2)地面沉降自动化监测站; 3)区域地面沉降监控中心	以卫星定位系统监测和InSAR技术为主,水准测量为辅	重点监控行政区范围内地面沉降动态
	线	综合控制剖面	1)基岩标、分层标组; 2)水准测量控制剖面; 3)地下水动态监测井		
	面	控制监测网	1)卫星定位系统监测网; 2)精密水准监测网		
小型(沉降面积小于1 000 km²,含重要基础设施地面沉降监测网)	点	实时或人工	1)基岩标、分层标组; 2)地下水动态监测网	以精密水准测量,基岩标、分层标组监测技术为主	掌握重点地区高精度地面沉降动态资料
	线	综合控制剖面	精密水准测量剖面		
	面	局部重点监测	精密水准监测网络		

6.2.1.3 大型地面沉降监测网优先考虑用卫星定位系统监测和InSAR技术掌握全区地面沉降发育总体特征,在重点地区少量部署水准监测剖面掌握地面沉降规律,少量布设基岩标作为监测基准,布设分层标组开展重点地区土层分层沉降动态监测,并布设少量地下水动态监测井监控地下水位。

6.2.1.4 中型地面沉降监测网主要以卫星定位系统监测和InSAR技术掌握全区地面沉降发育总体特征为主,以精密水准测量掌握重点地区地面沉降规律为辅,并布设基岩标作为监测基准,布设分层标组开展重点地区土层分层沉降动态监测,以及地下水动态监测井监控地下水位。

6.2.1.5 小型地面沉降监测网主要以精密水准测量掌握重点地区地面沉降规律为主,并布设基岩标作为监测基准,布设分层标组开展重点地区土层分层沉降动态监测。

6.2.1.6 地面沉降应采用InSAR、卫星定位系统、水准等测量技术进行监测,监测方法的选择参照DZ/T 0283执行。

6.2.1.7 地面沉降监测的高程基准起算点应采用国家统一的高程系统,亦可根据监测需要采用经国家和地方行政主管部门审批备案的与国家高程系统相联的独立高程系统。但对于同一监测区采用不同的监测方法应采用统一的高程系统。

6.2.2 重要基础设施工程地面沉降监测网络

6.2.2.1 监测基准点布设:
a) 重要基础设施工程地面沉降监测工作应选择稳定的基岩标作为沉降监测的起算基准,并统一起算高程时间,确保高程成果在同一高程系统内。
b) 在重要基础设施工程沿线按照就近的原则选取基岩标作为基准点。
c) 每种重要基础设施工程监测区域内基岩标布设宜不少于2座。
d) 当同一区域出现多座基岩标可供选择时,应选取建设年代较久的基岩标作为起算点。
e) 当基岩标数量不能满足监测要求时,应及时增补。

6.2.2.2 监测工作基点布设:
a) 监测工作基点应布设在重要基础设施工程沿线,以方便监测点测量为原则,地面上平均间隔0.5 km左右布设1座工作基点。

b) 可选取重要基础设施工程沿线分层标、城市水准点、轨道交通车站口地面基点、轨道交通站台水准基点作为工作基点。
c) 当工作基点数量不能满足监测要求时,应及时增补。
d) 若已有工作基点遭破坏时,应及时在原地附近补埋。

6.2.2.3 监测点布设:
a) 在重要基础设施工程沿线应布设地面沉降监测点,桥梁两端应布设地面沉降监测点。
b) 地面沉降监测点应在设施一侧距轴线 50 m 范围内按照平均间隔 0.2 km～0.3 km 布设,当地面沉降监测点数量不能满足监测要求时,应及时增补、加密。
c) 在地质结构突变、地面沉降发育、重要基础设施工程交叉等区域宜适当加密监测点或增设地面沉降监测剖面,并组织定期监测。

6.2.3 深基坑工程地面沉降监测网络

6.2.3.1 监测范围应依据建设工程类型和特点及地质环境条件确定,根据监测目的、任务的不同,监测范围宜划分为地面沉降常规监测区和地面沉降重点控制区。地面沉降常规监测区一般指影响深基坑工程自身安全的沉降区域,需要在深基坑工程施工阶段开展实时监测。地面沉降重点控制区指深基坑施工对地面沉降有影响的区域。建设工程地面沉降监测范围分区可按表9的规定确定。

表9 建设工程地面沉降监测范围分区

建设工程类型			监测范围	监测范围分区	
				地面沉降常规监测区	地面沉降重点控制区
基坑工程	隔水帷幕完全阻断降水目的层		$3H$	$0～3H$	—
	隔水帷幕非完全阻断降水目的层	坑内降水	$6H$	$0～3H$	$3H$ 以外
		坑外降水	$10H$		
注:表中 H 为基坑开挖深度。					

6.2.3.2 地面沉降常规监测区范围内的监测工作应符合 JGJ 311—2013 的规定。

6.2.3.3 水准控制网布设:
a) 建设工程地面沉降监测区域外应布设二等水准控制网,水准控制网由基准点组成。
b) 基准点设置应符合下列要求:
(1) 基准点应在施工之前布设,宜布设在监测区域之外相对稳定位置;
(2) 可选用不受建设工程影响的分层标作为基准点;
(3) 应采取有效保护措施,确保其正常使用。

6.2.3.4 监测点(井)布设:
a) 地面沉降监测点埋置深度一般应至原状土层,北方地区应埋至冻土层以下,监测标头宜低于地面 5 cm,且采用套管和井盖保护。
b) 地面沉降监测点应以剖面形式布置,监测剖面宜垂直于基坑边界,剖面间距宜为 50 m～200 m,每侧边剖面线不宜少于 1 条,剖面上的地面沉降监测点宜从基坑边界起向外由密至疏布设,监测点间距宜为 5 m～20 m。
c) 基坑外宜布设与降水目的层同层次的地下水位监测井或孔隙水压力测孔。
d) 必要时,宜在地面沉降影响范围内布设土体分层沉降监测标组。

6.3 地面沉降防治网络设计

6.3.1 区域地面沉降防治网络

6.3.1.1 地面沉降防治网络设计以利于抬升或稳定区域地下水位、保护地下水资源为原则，以减缓土层压缩变形速率、控制土层持续压缩趋势为目的。

a) 地面沉降防治网络由地面沉降防治设施（回灌井）构成。
b) 回灌井布设地点应满足利于地下水人工回灌的水文地质条件。
c) 回灌井场区应具备临时施工、长期保护、符合生活饮用水质量的回灌水源、50 m 范围内无污染源等条件。
d) 回灌井应避开地表周围重要建（构）筑物，与重要建（构）筑物距离宜不小于 100 m。

6.3.1.2 回灌井布设数量、地区、层次应结合地面沉降危险性分区、地下水开发利用格局、地下水位分布现状、分区地面沉降防治目标等进行确定。

6.3.1.3 地面沉降危险性分区结合地面沉降易发程度、地面沉降历史灾害强度、预测沉降速率、地势高低，划分为地面沉降危险性大、地面沉降危险性小和地面沉降危险性中等 3 种级别，地面沉降危险性分区划分参照 DZ/T 0283 执行。

6.3.2 深基坑工程地面沉降防治网络

6.3.2.1 深基坑工程设计可在地面沉降危险性评估的基础上进行。

6.3.2.2 深基坑工程设计应坚持围护结构与工程降水一体化设计的理念，从而实现深基坑工程安全与地面沉降有效控制的目标。

6.3.2.3 深基坑工程地面沉降治理应充分结合场地地质环境条件、地面沉降发育特征、周边环境保护要求布设以地下水人工回灌井为主的地面沉降防治设施网络。回灌井应沿基坑周边呈现剖面布设，通过回灌降水目的含水层的地下水，形成环绕基坑的地下水位反漏斗，从而控制地面沉降。

7 地面沉降监测与防治设施工程设计

7.1 一般规定

7.1.1 地面沉降监测设施应针对地面沉降发育情况和特点，合理选择监测设施类型，并根据地质条件设计各类监测设施的结构。

7.1.2 地面沉降防治工程措施还包括注浆加固、回填加固以及预留标高等工程措施。注浆加固主要适用于浅部土层压缩导致的地面沉降防治工程，且在该工作区内有对差异地面沉降极为敏感的建（构）筑物。

7.1.3 防治设施应针对地面沉降的主要压缩地层进行设置，在平面布置上重点考虑地面沉降发育情况、危害程度、地质条件以及回灌条件。

7.2 地面沉降监测设施工程设计

7.2.1 基岩标

基岩标结构设计包括基岩标标型结构、保护管结构、标杆结构、扶正装置结构、测头结构和保护管外的灌浆加固等方面要求，参照 DZ/T 0283 执行。

7.2.2 分层标

分层标结构设计包括分层标标型结构、保护管结构、标杆结构、标底结构、扶正装置结构、测头结构和保护管外的止水加固等方面要求,参照 DZ/T 0283 执行。

7.2.3 水准点

水准点的位置选定应保证埋设标志能充分体现沉降信息,有利于长久保存,并易于寻找、便于观测,参照 GB/T 12897 中的有关规定执行。

7.2.4 地下水监测井

地下水监测井可利用生产井、试验井或专门设置,水位监测井的结构应满足监测目的和要求。在地下水位下降漏斗区、地表水与地下水水力联系密切地区,应加密设置地下水监测井。地下水监测井结构设计要求参照 DZ/T 0283 执行。

7.2.5 孔隙水压力测孔

在分层标(组)布设时,宜在同层次黏土层同步布设孔隙水压力监测孔,孔隙水压力监测孔建设应符合 CECS 55 的有关规定。

7.2.6 卫星定位系统监测点

应根据精度要求,卫星状况,监测区地质、地形和交通状况及作业效率等条件综合考虑布设卫星定位系统监测网点。基准点应选择附近基岩点或远离地面沉降的稳定区域;卫星定位系统监测点应选在能够充分代表或反映该地区地面沉降变形特征的位置。卫星定位系统监测点设计要求可以参照 DZ/T 0283 执行。

7.2.7 SAR 角反射器

监测范围应从区域上兼顾宏观和微观,依据监测对象的形变特征、监测区域地理气候条件、全区和重点区域监测目标选用合适的 SAR 影像。SAR 角反射器设计要求参照 DZ/T 0283 执行。

7.3 地面沉降防治设施工程设计

7.3.1 地下水开采规划设计

7.3.1.1 地面沉降发育地区应进行地下水开采规划,严格限制地下水开采量,对地面沉降规模大、地面沉降灾害危险性大的地区,应禁止开采地下水,具备条件的地区应同时开展地下水人工回灌工程。

7.3.1.2 实施地下水开采规划的地区应制定中长期与年度相结合的地下水限制开采量方案。

7.3.1.3 地下水开采规划中长期目标应根据地面沉降控制目标及地下水实际需求综合确定。地下水限制开采量年度设计应依据上年度地面沉降动态特征、地下水动态特征、地下水管理要求综合确定。

7.3.1.4 地下水采灌空间布局应根据地面沉降发育现状和地下水位的格局来确定,同时需要考虑回灌设施的分布情况。

7.3.2 深基坑工程性地面沉降防治一体化设计

7.3.2.1 深基坑工程应将围护结构设计与工程降水设计合为一体进行。

7.3.2.2 深基坑工程围护结构设计时应同时满足结构变形控制和地面沉降控制的要求。

7.3.2.3 深基坑工程止水帷幕插入降水目的含水层的深度应以有效控制坑外地下水位降幅和地面沉降为目标，在经济技术条件允许时宜阻断降水目的含水层，并应采用数值计算方法模拟地下水渗流场和土体位移场动态特征作为设计依据。

7.3.2.4 深基坑工程降水井宜布设于基坑内，降水井滤水管深度宜小于止水帷幕端部深度，工程降水应按照"按需降压"的原则设计运行。

7.3.2.5 深基坑工程在降水设计时宜因地制宜进行地下水人工回灌设计。

7.3.2.6 深基坑工程建设期间应对抽水量、回灌量、地下水位、地面沉降等进行全程监测，并作为地面沉降防治措施制定与实施的依据。

7.3.3 地下水回灌井结构设计

地下水回灌井的结构应满足地下水回灌控制地面沉降的目的和要求，可参见附录C进行。

7.3.4 其他防治工程设计

7.3.4.1 根据地面沉降防治工程的具体环境，可选用注浆加固、回填加固以及预留标高等工程措施。

7.3.4.2 注浆加固适用于对差异地面沉降十分敏感的线状重大基础工程的地面沉降防治工程，在主要压缩土层中注入水泥浆或水泥砂浆，从而提高土层的强度，避免不均匀沉降的危害。对有地下水流动的地层宜采用水泥和水玻璃的双液型混合浆液注浆。

7.3.4.3 对地面沉降危险性大区可采用预留标高的方式防治地面沉降危害；若高程过低，宜采用回填加固措施。

7.3.4.4 注浆孔设计：
- a) 对地面沉降影响较敏感的小范围工作区，可采用注浆作为临时性紧急工程措施来防治地面沉降，减少浅部土层的压缩变形，从而减少地面沉降的危害。
- b) 注浆孔宜呈梅花状分布，孔间距一般为注浆半径的2/3，注浆半径应通过现场试验确定。
- c) 注浆孔的深度取决于注浆目的层上部土层的厚度以及所要求的地基承载力。注浆孔深度一般不宜大于100 m，垂直度允许偏差为±1%。
- d) 注浆孔的设计孔径宜为90 mm～130 mm，应采取有效封闭措施，防止孔口冒浆。
- e) 注浆水泥宜采用硅酸盐水泥，强度等级不宜低于32.5 MPa，水灰比可取0.5～1.0，具体参数可通过现场灌浆试验确定。
- f) 若遇土体孔隙大时，可改用水泥砂浆，砂为天然砂或人工砂，要求有机物含量不宜大于3%。
- g) 一般采用自上而下分段注浆法，注浆压力以孔口不冒浆为原则。

7.3.4.5 新近成陆地区地面沉降防治工程设计：
- a) 对于新近成陆地区的吹填土等欠固结土层的地面沉降防治工程工作区，可采用预留标高的方式进行地面沉降灾害的处理，充分考虑工后沉降。
- b) 采用物理方法进行加固处理，可采用回填、强夯、换土垫层、排水疏干等方法。

c) 采用化学方法进行加固处理,在吹填土中添加外加剂,外加剂与土体中的物质成分发生反应,使土体固结。一般可采取深层搅拌法、粉喷桩法等方法。

8 地面沉降监测与防治设施施工要点

8.1 地面沉降监测设施施工要点

8.1.1 在施工过程中需加强地质调查工作,要求施工地质鉴别孔,取得施工现场实际地质资料,精确布设监测设施。

8.1.2 同一场地设置多个监测设施时,综合考虑各监测设施平面布局,间距应不小于 4 m,严格控制施工质量。

8.1.3 基岩标、分层标等监测设施施工时,在安装保护管、标底之前尽可能采取工程技术措施清空钻孔沉渣,以保证基岩标、分层标的可靠性。

8.1.4 在进行监测设施施工时,在保证施工质量前提下,尽可能采用更为科学、先进的施工工艺和施工技术。

8.2 地面沉降防治设施施工要点

8.2.1 在施工过程中需加强地质调查工作,要求施工地质鉴别孔,取得施工现场实际地质资料,精确布设防治设施。

8.2.2 在地下水回灌井的钻探施工过程中,在保证钻孔安全的前提下,采取工程措施减少泥浆对地层的影响。

8.2.3 针对不同地层,采用合适的成井工艺和洗井方法,保证地层回灌水路的畅通。

附 录 A
（规范性附录）
地面沉降防治工程可行性研究报告编制大纲

一、任务由来及目的、意义。包括工作区位置、范围，区域地面沉降概况、地形地貌、地质条件，工程主要解决的问题及意义。

二、工程建设的必要性。包括工程所在区地面沉降勘查调查情况，地面沉降的易发程度、危险性程度、经济损失程度，区域社会经济条件，地面沉降监测与防治网络现状等。

三、目标任务及实现的可行性论述。包括工程具体目标和主要工作内容，工程实施的工作区地形、地质、水文概况及已有有利条件，主要障碍因素及解决方案。

四、技术设计的依据。包括各类标准、规范，项目批文等。

五、地面沉降防治工程设计主要内容。

  1. 地面沉降监测网络设计。包括监测设施类型、数量及平面布置等。

  2. 地面沉降监测设施主要技术要求。包括各类监测设施的结构设计、材质要求、验收标准及保护要求等。

  3. 地面沉降防治设施网络设计。包括防治设施类型、数量及平面布置等。

  4. 地面沉降防治设施主要技术要求。包括各类防治设施的结构设计、材质要求、验收标准及保护要求等。

  5. 实施的组织及主要进度。包括实施单位的项目人员组成，项目报批、招标、实施的主要时间计划。

六、项目建设单位基本情况。包括建设单位概况、资质能力及财务状况等。

七、投资估算与资金筹措。包括项目资金来源，投资估算依据、标准，估算说明等。

八、社会效益、经济效益、环境效益简要分析。包括项目预期防治效果，在社会效益、经济效益及环境效益等方面的预期。

九、结论与建议。

T/CAGHP 026—2018

附 录 B
（规范性附录）
地面沉降防治工程设计书编制大纲

一、任务由来及目的、背景。包括项目可行性研究报告批复的工作区位置、范围，区域地面沉降概况、地面沉降监测与防治网络现状、地形地貌，工程主要解决的问题。

二、技术设计的依据。包括各类标准、规范，项目批文等。

三、地质条件概况。包括基岩地质、水文地质、工程地质等地质条件，地下水开采、回灌情况。

四、地面沉降防治工程设计主要内容。

    1. 地面沉降监测网络设计。包括监测设施类型、数量及平面布置等。

    2. 地面沉降监测设施主要技术要求。包括各类监测设施的结构设计、材质要求、验收标准及保护要求等。

    3. 地面沉降防治设施网络设计。包括防治设施类型、数量及平面布置等。

    4. 地面沉降防治设施主要技术要求。包括各类防治设施的结构设计、材质要求、验收标准及保护要求等。

五、实施的组织及主要进度。包括实施单位的项目人员组成、质量管理体系及质量保证措施、安全文明施工措施、实施的主要时间计划。

六、项目预算。包括项目资金来源，预算依据、标准，预算说明等。

七、成果资料检查验收。包括成果质量检查、成果质量验收。

八、提交成果。包括各类监测设施、防治设施的点之记、施工记录，监测数据及数据库电子文档，技术总结和验收报告等。

附 录 C
（资料性附录）
回灌井成井结构与回灌管路设计

C.1 回灌井成井结构设计

C.1.1 回灌井成孔结构应包括孔径（开孔直径、孔深各段直径及终孔直径）和孔深要求，钻孔直径一般为 600 mm，目的含水层中过滤器段的孔径宜大于过滤器外径 400 mm～500 mm。

C.1.2 回灌井的井管内径不宜小于 219 mm，壁厚宜大于 8 mm。

C.1.3 回灌井的深度应根据回灌目的、含水层类型、含水层埋深和厚度确定，并符合下列规定：
  a) 对承压含水层，回灌井宜深入整个含水层，当含水层厚度较大时，回灌井深入其厚度不宜小于 12 m；
  b) 对潜水含水层，回灌井宜深入整个含水层，或深入最低动水位以下 7 m～15 m；
  c) 对上层滞水含水层，回灌井应深入整个含水层。

C.1.4 在卵石圆角砾及粗中砂含水层中宜采用缠丝过滤器或填砾过滤器；在粉细砂含水层中宜采用填砾过滤器。

C.1.5 回灌井井管的底部应安装长度不小于 4 m 的沉淀管，管底应用钢板焊接封死。当沉淀管中的沉积物厚度高出沉淀管而掩埋过滤管时，应及时洗井。

C.1.6 回灌井井管的管材应根据地下水水质、管材强度、回灌井的口径与深度以及技术、经济等因素确定。宜选用钢管、铸铁管。

C.1.7 取芯及地质编录宜符合下列规定：
  a) 目的含水层顶面以上 20 m 开始取芯，含水层每 2 m 取样，并进行颗粒分析；
  b) 岩芯应以钻进回次为单元，进行地质编录。

C.1.8 井斜误差要求每钻进 50 m 及终孔测斜一次，每 100 m 钻孔顶角不得超过 1°，终孔钻孔累计顶角不超过 2°，泵管段不得大于 1°。

C.1.9 井深误差要求每钻进 50 m 和钻进至主要含水层及终孔时，钻孔换径、扩孔结束和下管前，均应使用钢卷尺校正孔深，孔深校正最大允许误差为 2‰。

C.1.10 围填砂应采用与目的含水层砂颗粒级配相匹配的天然石英砂，围填砂型号应根据相关规范确定。围填高度一般要高于含水层顶面，但不得超越隔水层顶面，遇特殊情况应现场再次确定。

C.1.11 止水与封孔宜符合下列规定：
  a) 止水层应采用优质黏土球，高度一般不小于 10 m，黏土球直径为 3 cm～5 cm；
  b) 止水结束后应进行止水效果检验，检验合格后，孔口段至止水深度间可采用黏土块围填，孔口段应用水泥浆进行封口，孔口段长度一般不得小于 2 m。

C.1.12 回灌井成井结束后采用干活塞和水活塞以及空压机交替洗井，洗井结束后应测量沉淀管内沉淀物厚度。沉淀管内的沉渣厚度不得大于 0.5 m，如果沉渣厚度超标，要求冲出沉渣后重新洗井。洗井应达到管内外水路畅通的效果，同时确保浑浊度小于 1，含砂量不大于 1/20 000。

C.1.13 抽水试验宜按 3 个落程来进行，具体操作可按 GB 50027 的有关规定执行。

C.1.14 回灌井孔口（管口）应高出地面 0.5 m～1.0 m，预留地面回灌管路的接口。

C.2 回灌管路设计

C.2.1 地下水人工回灌工艺可采用真空回灌或压力回灌。真空回灌要求地下水静水位埋深大于10 m；压力回灌适用于地下水静水位埋深小于10 m的含水层或不宜采用真空回灌工艺的回灌井。

C.2.2 真空回灌井内水位以上至电动控制阀之间的管路应具备良好的密封条件。

C.2.3 压力回灌过滤器网的抗压强度应满足压力回灌要求，井管与泵座应密封。

C.2.4 回灌管路系统宜由输水管路、进水管路、回流管路、排水管路组成。

C.2.5 回灌管路中的输水管路上应安装单向截止阀；排水管路必须安装单向截止阀，末段宜安装倒置"U"形管，以防止空气吸入井内堵塞含水层。

C.2.6 回灌水进水管一般不小于DN100。

C.2.7 回灌水源的水质要求应参照GB 5749执行。

C.2.8 回灌井的排水设施应符合下列要求：
 a) 应考虑回扬水的综合利用；
 b) 排水管末端应采用防渗材料砌筑排水池，并连通到市政雨水管道，便于排放回扬污水；
 c) 排水池应有足够的排泄能力和容量，并应设置防止污水倒流装置；
 d) 建于地下构筑物的应急供水(回灌)深井，应设置压力排水系统；
 e) 排水管道一般不小于DN300；
 f) 排水设施应包含长期观测窨井。

C.2.9 真空、压力两用回灌井的管路装置，可参照图C.1执行。

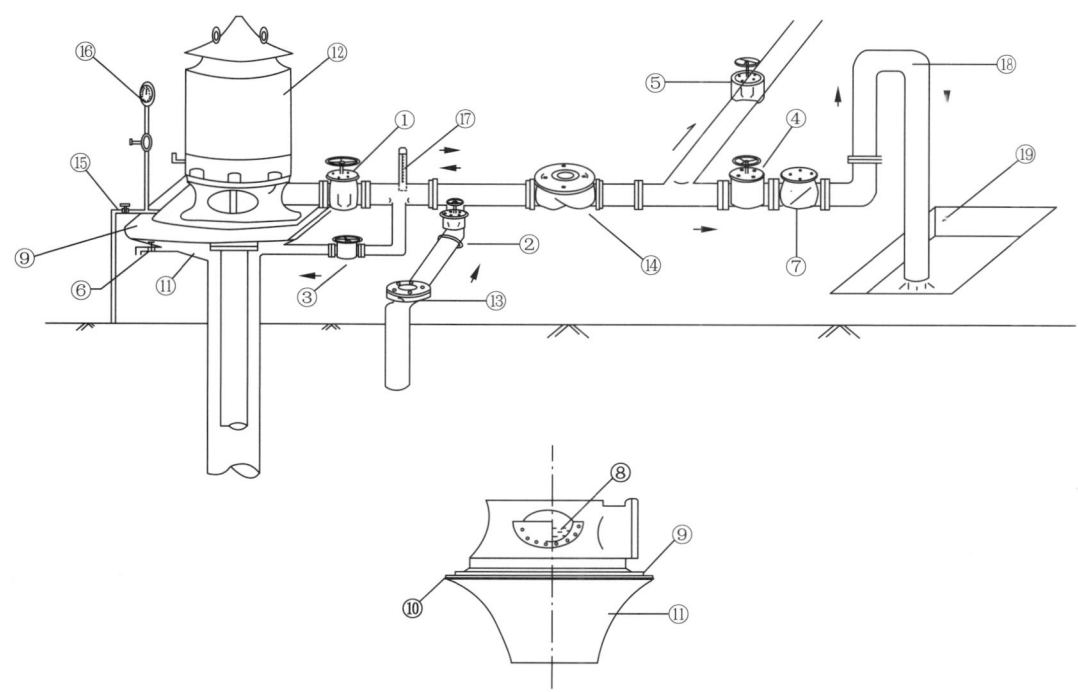

图 C.1 真空、压力回灌井管路装置设计示意图

①电动控制阀；②进水阀；③回流阀；④扬水阀；⑤用水阀；⑥放气阀；⑦单流阀；⑧盘根水封；
⑨橡皮垫；⑩法兰板；⑪全密封井管座；⑫深井泵电动机；⑬进水表；⑭出水表；⑮引水管；
⑯真空压力表；⑰温度表；⑱"U"形管；⑲排水池